essentials

essentials liefern aktuelles Wissen in konzentrierter Form. Die Essenz dessen, worauf es als „State-of-the-Art" in der gegenwärtigen Fachdiskussion oder in der Praxis ankommt. *essentials* informieren schnell, unkompliziert und verständlich

- als Einführung in ein aktuelles Thema aus Ihrem Fachgebiet
- als Einstieg in ein für Sie noch unbekanntes Themenfeld
- als Einblick, um zum Thema mitreden zu können

Die Bücher in elektronischer und gedruckter Form bringen das Expertenwissen von Springer-Fachautoren kompakt zur Darstellung. Sie sind besonders für die Nutzung als eBook auf Tablet-PCs, eBook-Readern und Smartphones geeignet. *essentials:* Wissensbausteine aus den Wirtschafts-, Sozial- und Geisteswissenschaften, aus Technik und Naturwissenschaften sowie aus Medizin, Psychologie und Gesundheitsberufen. Von renommierten Autoren aller Springer-Verlagsmarken.

Weitere Bände in der Reihe http://www.springer.com/series/13088

Martin Schumann · Thomas Mitschang

Luftbildeinsatz in der ländlichen Bodenordnung

Ein Praxisbeispiel aus Rheinland–Pfalz

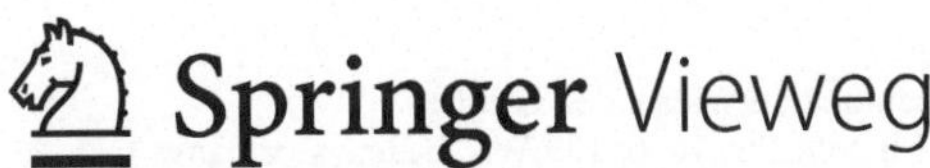

Martin Schumann
Referat Ländliche Entwicklung,
Ländliche Bodenordnung
Aufsichts- und Dienstleistungsdirektion
Trier, Deutschland

Thomas Mitschang
Referat Ländliche Entwicklung,
Bodenordnung und
Flurbereinigungsverwaltung
Ministerium für Wirtschaft, Verkehr,
Landwirtschaft und Weinbau Rheinland-
Pfalz, Mainz, Deutschland

ISSN 2197-6708   ISSN 2197-6716   (electronic)
essentials
ISBN 978-3-658-19859-6   ISBN 978-3-658-19860-2   (eBook)
https://doi.org/10.1007/978-3-658-19860-2

Die Deutsche Nationalbibliothek verzeichnet diese Publikation in der Deutschen Nationalbiblio-
grafie; detaillierte bibliografische Daten sind im Internet über http://dnb.d-nb.de abrufbar.

Springer Vieweg
© Springer Fachmedien Wiesbaden GmbH 2018

Gedruckt auf säurefreiem und chlorfrei gebleichtem Papier

Springer Vieweg ist Teil von Springer Nature
Die eingetragene Gesellschaft ist Springer Fachmedien Wiesbaden GmbH
Die Anschrift der Gesellschaft ist: Abraham-Lincoln-Str. 46, 65189 Wiesbaden, Germany

Was Sie in diesem *essential* finden können

- Gebündelte Darstellung des Einsatzes von Luftbildern in der ländlichen Entwicklung und der Flurbereinigung
- Einsatzmöglichkeiten von Luftbildern bei der Planung und Umsetzung von Kulturlandschaftsprojekten
- Komprimierte Beschreibung des Einsatzes von Orthophotos zur Katastervermessung in der Flurbereinigung

Inhaltsverzeichnis

Über die Autoren

Martin Schumann, Jg. 1960, hat von 1980–1985 Geodäsie an der Rheinischen Friedrich-Wilhelms-Universität Bonn studiert und als Dipl.-Ing. 1988 seine Zweite Staatsprüfung abgelegt. Nach verschiedenen Tätigkeiten in der Flurbereinigungsverwaltung in Rheinland-Pfalz ist er seit 2012 Leiter des Referates Ländliche Entwicklung, ländliche Bodenordnung bei der Aufsichts- und Dienstleistungsdirektion in Trier und damit Leiter der oberen Flurbereinigungsbehörde in Rheinland-Pfalz. Seit 2017 ist er Lehrbeauftragter an der Technischen Universität Dresden.

Thomas Mitschang, Jg. 1975, hat von 1996–2002 Geodäsie an der Universität Karlsruhe (TH) studiert und als Dipl.-Ing. 2005 seine Zweite Staatsprüfung abgelegt. Nach verschiedenen Tätigkeiten in der Flurbereinigungsverwaltung in Rheinland-Pfalz war er von 2014 bis 2017 als Leiter der Abteilung Technische Zentralstelle beim Dienstleistungszentrum Ländlicher Raum Rheinhessen-Nahe-Hunsrück in Bad Kreuznach tätig. Seit 2017 ist er Referent für Ländliche Entwicklung, Bodenordnung und Flurbereinigungsverwaltung im Ministerium für Wirtschaft, Verkehr, Landwirtschaft und Weinbau Rheinland-Pfalz.

Einführung 1

Die Verwendung von Luftbildern hat in der Flurbereinigungsverwaltung Rheinland-Pfalz eine große Bedeutung. Schon seit den fünfziger Jahren des letzten Jahrhunderts werden Luftbilder für unterschiedliche Zwecke eingesetzt. Dabei haben sich die Qualität der Aufnahmen sowie die Auswertungsmöglichkeiten im Laufe der Jahrzehnte geändert.

In diesem Beitrag wird ein kurzer Überblick über die Verwendung der Luftbilder in der Flurbereinigungsverwaltung Rheinland-Pfalz gegeben und anhand eines Beispiels die Bedeutung der Luftbilder für die Planung von Landentwicklungsmaßnahmen dargestellt.

© Springer Fachmedien Wiesbaden GmbH 2018
M. Schumann und T. Mitschang, *Luftbildeinsatz in der ländlichen Bodenordnung,* essentials, https://doi.org/10.1007/978-3-658-19860-2_1

Ländliche Bodenordnung zur Umsetzung von Landentwicklungsmaßnahmen

2

Der gesetzliche Auftrag der Flurbereinigung wurde mit der Novelle des Flurbereinigungsgesetzes (FlurbG – in der Fassung der Bekanntmachung vom 16.03.1976, zuletzt geändert durch Artikel 17 des Gesetzes vom 19.12.2008) vom 16.03.1976 wesentlich erweitert; die Landentwicklung wurde als eine der wesentlichen Teilaufgaben der Flurbereinigung eingeführt (vgl. Wingerter und Mayr 2013). Damit wurde auch die Umsetzung von Kulturlandschaftsprojekten in der Flurbereinigung ermöglicht. In Ergänzung hierzu wurde in § 37 FlurbG der eigenständige landespflegerische Gestaltungsauftrag für die Flurbereinigungsbehörde festgeschrieben. Als Ergebnis dieser Gesetzesnovelle ist festzustellen, dass inzwischen auch vielfältige Ziele des Naturschutzes und der Landespflege in der Flurbereinigung verwirklicht werden.

Als Folge dieser gesetzlichen Regelungen sowie der gesellschaftspolitischen Rahmenbedingungen hat sich inhaltlich eine deutliche Erweiterung der Ziele der einzelnen Flurbereinigungsverfahren ergeben. Während insbesondere nach dem zweiten Weltkrieg die Agrarstrukturverbesserung und damit die Sicherstellung der Ernährung im Vordergrund standen, steht nunmehr eine breite Palette von Zielen bei der Durchführung von Flurbereinigungsverfahren an (vgl. Schumann 2014). So sind neben der Agrarstrukturverbesserung heute z. B. folgende Ziele zu nennen:

- Naturschutzfachliche Ziele. Hier kann beispielsweise ein Verfahren in der Eifel aufgeführt werden, wo das Flächenmanagement zur Umsetzung eines LIFE-Projektes erfolgt ist und damit ökologisch hochwertige Wachholderheiden geschützt werden konnten.
- Wasserwirtschaftliche Ziele. Die Umsetzung der EU-Wasserrahmenrichtlinie und damit auch die Ausweisung von Gewässerrandstreifen ist in vielen Flurbereinigungsverfahren ein wesentliches Ziel.

© Springer Fachmedien Wiesbaden GmbH 2018
M. Schumann und T. Mitschang, *Luftbildeinsatz in der ländlichen Bodenordnung*, essentials, https://doi.org/10.1007/978-3-658-19860-2_2

- Die Umsetzung des Flächenmanagements für die unterschiedlichsten kommunalen Ziele.
- Durchführung von Maßnahmen zur Erhaltung und Entwicklung von Kulturlandschaften (siehe Pkt. 4).

Bei all diesen sehr unterschiedlichen Zielen ist jedoch zu beachten, dass die Durchführung von Flurbereinigungsverfahren im Interesse der Grundstückseigentümer sein muss, die Privatnützigkeit muss immer gegeben sein. Eine Ausnahme hiervon bilden Unternehmensflurbereinigungen nach den Bestimmungen der §§ 87 ff. FlurbG, die für die Umsetzung von Infrastrukturprojekten eingesetzt werden können, wenn eine Enteignung hierfür zulässig ist.

Den Orientierungsrahmen für die bundesweiten Zielsetzungen der Landentwicklung und damit auch für die Flurbereinigung findet man in den „Leitlinien Landentwicklung – Zukunft im ländlichen Raum gemeinsam gestalten" (vgl. ArgeLandentwicklung 2011) der Bund-Länder-Arbeitsgemeinschaft nachhaltige Landentwicklung (ArgeLandentwicklung). Dort ist als eine Schwerpunktaufgabe für die Landentwicklung das Ziel „Natürliche Lebensgrundlagen … bewahren und entwickeln" verankert. In den für das Land Rheinland-Pfalz geltenden und politisch verankerten Leitlinien „Landentwicklung und Ländliche Bodenordnung" (vgl. MWVLW 2006) ist ebenfalls festgeschrieben, dass die Ländliche Bodenordnung als ganzheitlicher Ansatz „Natürliche Lebensgrundlagen nachhaltig schützen und entwickeln" soll.

Die Umsetzung dieser naturschutzfachlichen Zielvorstellungen erfolgt in der Flurbereinigung in vielfältigen Facetten (vgl. Mitschang 2006):

A. Planung über die gemeinschaftlichen und öffentlichen Anlagen nach § 41 FlurbG (Wege- und Gewässerplan

Die Planung und Herstellung der gemeinschaftlichen und öffentlichen Anlagen in den Flurbereinigungsverfahren werden heute möglichst naturschutzorientiert durchgeführt. Bestehende Biotope werden in der Planung berücksichtigt und soweit möglich auch erhalten und ggf. weiterentwickelt. Das neue Wegenetz wird an die topografischen Verhältnisse angepasst und es wird versucht, die Eingriffe in Natur- und Landschaft zu minimieren. Weiterhin wird eine landespflegerische Planung erstellt und in die Gesamtplanung integriert. Dabei sind vielfältige ökologische Rahmenbedingungen und naturschutzrechtliche Bestimmungen nach Landes-, Bundes- und EU-Recht zu beachten und deren Auswirkung in die Planung zu integrieren. Durch die Schaffung und Erhaltung erosionshemmender Anlagen sowie eine geschickte Neuzuteilung kann weiterhin ein wichtiger Beitrag zur Reduzierung der Bodenerosion geleistet werden.

B. Neuordnung der Eigentumsverhältnisse (Flurbereinigungsplan nach § 58 FlurbG)

Durch das Flächenmanagement der Bodenordnung können unterschiedliche ökologische Zielvorstellungen umgesetzt werden. Zum einen können Nutzungsansprüche entflochten werden und Land für Zwecke des Naturschutzes und der Landespflege in Abwägung mit den Interessen der Grundstückseigentümer und Flächennutzer dort bereitgestellt werden, wo es benötigt wird.

Zum anderen bildet die Bodenordnung die Grundlage zur Vernetzung naturnaher Flächen und deren dauerhafter Sicherung und unterstützt so den Aufbau von länderübergreifenden Biotopverbundsystemen. Durch die Ausweisung von Pufferzonen zwischen geschützten Gebieten und intensiv genutzten Landwirtschafts- bzw. Weinbauflächen können Biotope zudem nachhaltig geschützt werden.

Die Wiederherstellung naturnaher Gewässer und die Aufwertung des Landschaftsbildes durch vielfältige Gestaltung und Eingrünung im Rahmen der Bodenordnung ruft neben der wasserwirtschaftlichen auch eine ökologische und visuelle Aufwertung der Landschaft hervor. Weiterhin ermöglicht sie landschafts- und standortgerechte Flächennutzungen mit Erhalt des Grünlandes. Zudem kann die Neuordnung auch dazu verwendet werden, die Interessen von unterschiedlich wirtschaftenden landwirtschaftlichen Betrieben zu berücksichtigen (vgl. DVW 2015).

Ein weiterer wichtiger Aspekt ist die Tatsache, dass die ländliche Bodenordnung auch ökologisch bedeutsame Planungen anderer Träger unterstützen und umsetzen kann. In diesem Zusammenhang sind Ökopools, Ökokonten und Ersatzzahlungsprojekte auf der Grundlage von Naturschutzfachplanungen aufzuführen.

C. Sonstige Maßnahmen

In der Aktion „Mehr Grün durch Flurbereinigung" werden den Teilnehmern an einem Bodenordnungsverfahren nach dem Flurbereinigungsgesetz kostenfrei einheimische hochstämmige Obstgehölze, Laubbäume, Sträucher und Kletterpflanzen zur Verfügung gestellt. Weiterhin wird ein Pflanz- und Pflegekurs angeboten. Dieses Angebot wird in Rheinland-Pfalz von den Grundstückeigentümern sehr gerne genutzt. Damit wird ein wertvoller Beitrag zur Verbesserung des Naturhaushaltes und des Landschaftsbildes sowie zur Erhaltung alter, regionaltypischer Obstsorten und damit der Biodiversität geleistet.

Luftbilder im Einsatz der ländlichen Bodenordnung 3

Luftbilder visualisieren für den Menschen die Landschaft übersichtlich aus der Vogelperspektive. Als Datenträger für alle aus der Luft erkennbaren Objekte liefern sie die Grundlage für Bestandserfassungen, Veränderungsdokumentationen und Planungsentscheidungen. In der Luftbildmessung (Photogrammetrie) kann auf Ihrer Grundlage die Landschaft sogar vermessen werden.

Die Relevanz von Luftbildern zur Unterstützung der vielfältigen Planungen in der Flurbereinigung wurde bereits in den 50er Jahren erkannt. In Rheinland-Pfalz wird die Photogrammetrie in der Flurbereinigung seitdem eingesetzt und stetig weiterentwickelt (vgl. Durben 2014). Ausgehend von der analogen Auswertung über die analytische Photogrammetrie bis hin zur digitalen Photogrammetrie wurde die Weiterentwicklung in diesem Bereich ausgenutzt, um die jeweils aktuelle Technik als effizientes Mittel zur Aufgabenerledigung einzusetzen. Heute ist die Photogrammetrie in Rheinland-Pfalz fest in den Arbeitsprozess der Flurbereinigung integriert. Ihr Mehrfachnutzen als Planungs-, Vermessungs-, Auswerte-, und Visualisierungsinstrument besticht durch Wirtschaftlichkeit und Qualität (vgl. Theisen 2016).

Für die Flurbereinigungsverfahren werden in besonderen Befliegungen großmaßstäbige Bilder zum verfahrensbezogen optimalen Zeitpunkt aufgenommen. Um eine größtmögliche Bodensicht zu erreichen und damit signalisierte Punkte messbar zu machen finden diese Befliegungen in der Regel im Frühjahr vor dem Laubausbruch statt. Durch aufwändige Auswerteprozesse an 3-D-Auswertestationen werden daraus photogrammetrische Produkte erzeugt. Als wichtigstes Produkt der Luftbildmessung für den Arbeitsprozess der Flurbereinigung ist das Orthophoto zu nennen. Dieses heute mit 5–7 cm aufgelöste, in offener Landschaft

© Springer Fachmedien Wiesbaden GmbH 2018

M. Schumann und T. Mitschang, *Luftbildeinsatz in der ländlichen Bodenordnung*, essentials, https://doi.org/10.1007/978-3-658-19860-2_3

sehr genaue entzerrte Photo (Abb. 3.1) ermöglicht dem Planer Arbeiten im Geoinformationssystem bis zu einem Maßstab von ca. 1:100.

Nachfolgend werden die unterschiedlichen Einsatzmöglichkeiten kurz dargestellt:

A. Planung

Grundsätzlich sind in der Flurbereinigungsverwaltung von Rheinland-Pfalz die Orthophotos die Planungsgrundlage. Je nach Größe des Verfahrens, Topografie und Gelände variiert dabei der Maßstab. Die am meisten verwendeten Maßstäbe sind 1:2500 und 1:5000.

B. Geodätische Arbeiten

Basis für die Standardmessmethode PuDig (Punktfestlegung durch Digitalisierung) sind in der Regel ebenfalls Orthophotos. Mit dieser Messmethode werden Sollkoordinaten festgelegt. Dazu werden zunächst die Koordinaten der Wege- und Gewässerplanung digitalisiert. Diese Sollpunkte des Wege- und Gewässernetzes

Abb. 3.1 Orthophoto mit signalisiertem Passpunkt. (Quelle: DLR Rheinhessen-Nahe-Hunsrück)

bilden dann die Basis für die Neueinteilung der Flächen. Dabei müssen bedingte Grenzen wie Zäune und Hecken berücksichtigt werden (Abb. 3.2).

Im Wald oder entlang von topographischen Objekten (z. B. Böschungen) ist die Punktfestlegung im 2-D-Orthophoto meist nicht zweckmäßig. Hier können Koordinaten durch die 3-D-Punktbestimmung im Stereomodell bestimmt werden (Abb. 3.3). Sind vor der Befliegung Neupunkte in der Örtlichkeit signalisiert worden, können diese im photogrammetrischen Arbeitsprozess mit einer Genauigkeit <2 cm koordiniert werden.

Abb. 3.2 Methode PuDig. (Quelle: DLR Rheinhessen-Nahe-Hunsrück)

Abb. 3.3 Im Stereomodell bestimmte Punkte. (Quelle: DLR Rheinhessen-Nahe-Hunsrück)

C. Bautechnische Arbeiten

Für bautechnische Berechnungen können weiterhin sehr genaue digitale Geländemodelle erzeugt werden. Auf Grundlage der vorliegenden engmaschigen Laser-
scandaten der Landesvermessung werden die Daten visuell überprüft und um
Bruchlinien wie Mauerober- und -unterkannten ergänzt.

D. Landespflege

Für die naturschutzfachliche Bewertung und Planung der Flurbereinigungsverfahren spielen die Orthophotos ebenfalls eine wichtige Rolle. Im Rahmen der landespflegerischen Bestandsaufnahme können auf Grundlage der entzerrten Luftbilder
alle für den Naturschutz relevanten Bestandteile im Verfahren wie z. B. Biotope
effizient kartiert und dokumentiert werden. Im Wege- und Gewässerplan kann spä-
ter auf Grundlage des Orthophotos die landespflegerische Begleitplanung erstellt
und visualisiert werden. Eingriffsregelung, Verträglichkeitsprüfung und Umwelt-
verträglichkeitsprüfung können auf dieser Basis transparent durchgeführt werden,
da die Ausgleichs- und Ersatzmaßnahmen, die Aufwertemaßnahmen für Natur

und Landschaft sowie die naturschutzfachlich relevanten Maßnahmen dritter im Gesamtkontext dargestellt werden können. Die Bestandserfassungen und die Maßnahmenplanung und -umsetzung münden schließlich in weiterführende Pflegekonzepte, die ebenfalls auf Grundlage der visualisierten Daten erstellt werden.

E. Visualisierung

Die Flurbereinigung besteht aus sehr vielen kommunikativen Prozessschritten. Die Mitarbeiter der Flurbereinigungsbehörde bearbeiten Flurbereinigungsprojekte in Teams, die aus verschiedenen Fachrichtungen zusammengesetzt sind. Gemeinsam mit dem gewählten Vorstand der jeweiligen Teilnehmergemeinschaft wird das Flurbereinigungsgebiet neu strukturiert. Mit anderen Planungsträgern und Trägern öffentlicher Belange wird diese Neustrukturierung abgestimmt. Letztlich wird mit jedem Beteiligten am Verfahren die Neuordnung seiner Eigentums- bzw. Pachtflächen erörtert und versucht die Interessen aller bestmöglich zu wahren. Bei all diesen kommunikativen Prozessschritten ist es wichtig, die vorhandenen Gegebenheiten sowie die zu planenden Neustrukturierungen zu visualisieren, um auf einer anschaulichen Grundlage die notwendigen Erörterungen führen zu können. Luftbilder liefern hierzu die bestmöglichen Visualisierungsvoraussetzungen. Abb. 3.4 zeigt beispielsweise die Kartierung der Lebensräume der Zauneidechse und des Steinschmätzers im Flurbereinigungsverfahren Gundersheim-Höllenbrand auf Grundlage eines Orthophotos, die wesentlichen Einfluss auf die Neugestaltung und die Bauausführung im Flurbereinigungsverfahren hatte.

Abb. 3.4 Faunistische Kartierung der Lebensräume der Zauneidechse und des Steinschmätzers im Flurbereinigungsverfahren Gundersheim-Höllenbrand auf Grundlage eines Orthophotos. (Quelle: DLR Rheinhessen-Nahe-Hunsrück, Willigalla Ökologische Gutachten)

Flurbereinigung zur Umsetzung des Kulturlandschaftsprojekts Kaub-Gutenfels

Anhand der Umsetzung des Kulturlandschaftsprojekts Kaub-Gutenfels in einem Flurbereinigungsverfahren wird der Einsatz der Luftbilder beispielhaft dargestellt.

4.1 Rahmenbedingungen

Die Anerkennung des Oberen Mittelrheintals zwischen Bingen und Koblenz als UNESCO Weltkulturerbe im Jahre 2002 eröffnete dieser Region große Chancen für eine positive Entwicklung. Die einzigartige Kulturlandschaft ist geprägt durch das Zusammenspiel der steilen Weinberge, der Burgen und des Rheins. Als Folge des demografischen Wandels, der Globalisierung der Weltmärkte, dem fortschreitenden Agrarstrukturwandel und der fehlenden Effizienz bei der Bewirtschaftung historischer Weinbergssteillagen ist ein zunehmender Rückgang der bewirtschafteten Weinbergsflächen im Welterbegebiet zu verzeichnen, was eine fortschreitende Verbuschung ehemals weinbaulich genutzter Hänge nach sich zieht. Ein Paradebeispiel für diese Entwicklung ist der Burgberg unterhalb der Burg Gutenfels in Kaub am Rhein, der zu Beginn des Jahrtausends komplett zu verbuschen drohte. Infolge der weinbaulichen Nutzungsaufgabe waren hier die naturschutzfachlich wertgebenden Xerothermbiotope durch Verbuschungen extrem gefährdet. Insbesondere das Zuwuchern und der zunehmende Verfall der als Lebensraum besonders wichtigen mehrere Meter hohen Trockenmauern führten zu einer Verschlechterung der Situation für Wärme liebende Tiere und Pflanzen.

Um den Verbuschungsprozess zu stoppen und eine positive regionale Entwicklung unter Fokussierung auf den Erhalt der Kulturlandschaft zu erreichen, unterstützte das Land Rheinland-Pfalz die lokalen Akteure mit dem vereinfachten Flurbereinigungsverfahren Kaub-Gutenfels. Ein Flurbereinigungsverfahren ist sehr gut dazu geeignet, die Verbindung aus dauerhaftem Schutz des historischen und

© Springer Fachmedien Wiesbaden GmbH 2018

M. Schumann und T. Mitschang, *Luftbildeinsatz in der ländlichen Bodenordnung,* essentials, https://doi.org/10.1007/978-3-658-19860-2_4

naturschutzfachlichen Erbes, behutsamer und nachhaltiger touristischer Entwicklung sowie Ausschöpfung wirtschaftlicher Potenziale zu realisieren. Ein Hauptziel war es, die touristisch wertvollen Kernlagen als bestockte Rebflächen zu erhalten und weiterzuentwickeln, sodass das einzigartige Kulturlandschaftsbild erhalten werden kann.

4.2 Ausgangslage für die Durchführung der Flurbereinigung

In Abb. 4.1 erkennt man die zunehmende Verbuschung als Folge der Aufgabe der Weinbergsbewirtschaftung des Burgberges unterhalb der Burg Gutenfels.

Das Vereinfachte Flurbereinigungsverfahren Kaub-Gutenfels wurde 2005 durch Beschluss des Dienstleistungszentrums Ländlicher Raum (DLR) Rheinhessen-Nahe-Hunsrück angeordnet. Das Flurbereinigungsgebiet hat eine Größe von ca. 26 ha und liegt im Rhein-Lahn-Kreis an der Südspitze der Verbandsgemeinde Loreley.

Abb. 4.1 Luftbild in Schrägaufnahme aus dem Jahr 2001. (Quelle: Dieter Dörr, Koblenz)

Hauptziel des Flurbereinigungsverfahrens war die nachhaltige Reaktivierung des Steillagenweinbaus in der Lage unterhalb der Burg Gutenfels durch Erschließungs- und Mauersanierungsmaßnahmen, durch Flächenmanagement und Wildschutz. Die nachhaltige Nutzung der Flächen wurde dabei durch einen langfristigen Pachtvertrag zwischen den Burgherren als Eigentümer der Weinbergsflächen und vier Kauber Winzern gesichert. Aufgrund der hohen ökologischen Wertigkeit des Planungsgebietes für den Biotop- und Artenschutz wurden bereits vor Anordnung des Verfahrens eine FFH-Verträglichkeitsprüfung sowie eine Vogelschutzverträglichkeitsprüfung durchgeführt. Diese kamen zu dem Ergebnis, dass durch die vorgesehenen Maßnahmen der Flurbereinigung keine erheblichen nachteiligen Auswirkungen auf die Arten und Lebensräume zu erwarten sind, sondern, dass durch die geplanten landespflegerischen Maßnahmen eine naturschutzfachliche Verbesserung der Lebensraumsituation für die Wärme liebenden Tier- und Pflanzenarten zu erwarten ist.

An diese Weinbauflächen angrenzende Flächen wurden in das Flurbereinigungsverfahren mit einbezogen, um landespflegerische Ausgleichsverpflichtungen der DB Netz AG in Zusammenhang mit den aktuellen Hangsicherungsmaßnahmen für die Bahntrasse im Mittelrheintal umzusetzen.

4.3 Planungen zur Umsetzung des Kulturlandschaftsprojektes

Abb. 4.2 zeigt einen Ausschnitt aus dem Wege- und Gewässerplan aus dem Jahr 2007, welcher auf Grundlage des Schwarz-Weiß-Orthophotos der Landesvermessung (Maßstab 1:1000) erstellt wurde.

Durch die Überlagerung beispielsweise der vorhandenen Wege im Orthophoto mit den geplanten Wegetrassen aus der Planung wird das Gesamterschließungskonzept deutlich. Für die Abstimmungen mit den Trägern öffentlicher Belange entsteht so eine visuell anschauliche Diskussionsgrundlage. Im vorliegenden Beispiel wurde anhand des Orthophotos auch verdeutlicht, wo der Haupterschließungsweg das Rutschgebiet Kalkgrube durchquert, was eine wichtige Grundlage für die Begleitung der Baumaßnahmen durch das Landesamt für Geologie und Bergbau war.

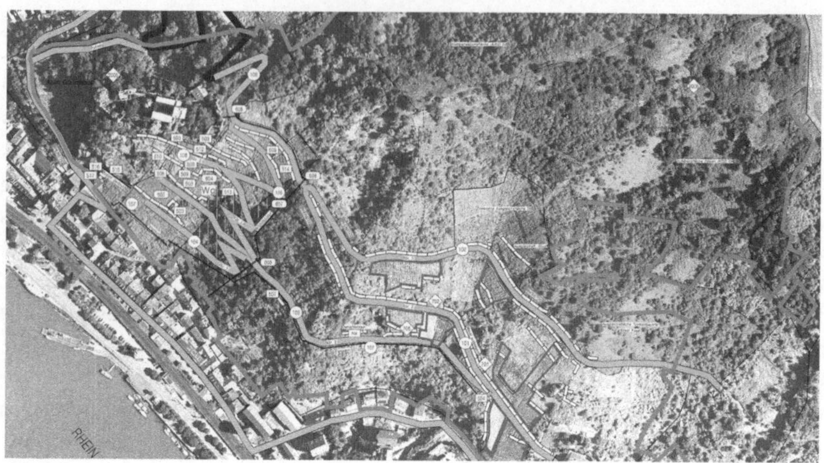

Abb. 4.2 Ausschnitt aus dem Wege- und Gewässerplan mit hinterlegtem Orthophoto. (Quelle: DLR Rheinhessen-Nahe-Hunsrück)

Anhand der naturschutzfachlichen Voruntersuchungen konnte die landespflegerische Verträglichkeit der Baumaßnahmen nachgewiesen werden. Aus naturschutzfachlicher Sicht wurden im Wesentlichen folgende Zielsetzungen verfolgt:

- Offenhaltung der Landschaft durch Reaktivierung des Weinbaus
- Erhaltung der sonnenexponierten Hänge als Lebensraum für seltene Tiere und Pflanzen
- Erhalt bzw. Wiederherstellung des traditionellen Landschaftsbildes mit seiner Terrassenstruktur und Stütz- und Trockenmauern.

Mithilfe des auf Basis des Orthophotos georeferenzierten Wege- und Gewässerplanes konnten die in diesem Zusammenhang geplanten Maßnahmen visualisiert und verortet werden. Im Kernbereich des Burgweinberges erkennt man vor allem die Freistellungs- und Mauersanierungsmaßnahmen. Weiterhin sind die in verschiedenen Farben dargestellten Kompensations- und Kohärenzflächen, die für die Freistellungsmaßnahmen der DB Netz AG bereitgestellt wurden, verdeutlicht.

4.4   Die Umsetzung des Kulturlandschaftsprojektes

Auf Grundlage der Feststellung des Wege- und Gewässerplanes durch die Aufsichts- und Dienstleistungsdirektion konnte 2008 mit den Baumaßnahmen begonnen werden. Abb. 4.3 zeigt das Flurbereinigungsgebiet nach Durchführung der Maßnahmen im Jahr 2011. Zur Erschließung des Burgweinberges war der Bau eines 410 m langen Hauptweges erforderlich. Weiterhin wurden im Weinberg 500 m Fahrspurwege für handgeführte Maschinen gebaut. Zudem wurden insgesamt ca. 550 m^3 Mauern saniert und 350 m^3 Netzüberspannungen sowie der Bau von 500 m Fang- bzw. Sicherungszaun als Schutzmaßnahmen durchgeführt.

Die Freistellung des Weinbergs, die hergestellte Erschließung und die aufwändigen Mauersanierungs- und Mauersicherungsmaßnahmen ermöglichten es den Winzern den Weinberg wieder zu bestocken.

Als wichtigste touristische Attraktion des Mittelrheintals führt eine Passage des Rheinsteigs durch das Verfahrensgebiet. Die Überführung des Wegestücks in die öffentliche Hand wurde als wichtiges Planungsziel aufgenommen. Zur Verknüpfung weinbaulicher und touristischer Zielsetzungen wurde ein touristisches Konzept zur Realisierung eines Kulturweges erstellt und die erste Ausbaustufe im Flurbereinigungsverfahren realisiert. Mit der Realisierung des Projektes können die Fähre, die Burg Pfalzgrafenstein, die Rheinpromenade, die Jugendherberge, der Weinberg, die Burg Gutenfels, der Rheinsteig, der Schlossberg und die Altstadt von Kaub miteinander verbunden und für Touristen attraktiv erlebbar gemacht werden.

Die naturschutzfachliche Gesamtkonzeption integriert die Offenhaltung des Burgweinberges, mit der Offenhaltung der Kompensationsflächen der DB Netz AG. Durch das Bodenmanagement der Flurbereinigung konnten rund 12 ha für die Freistellung und die Entwicklung von Halbtrockenrasen bereitgestellt werden. In Kombination mit den umfangreichen Mauersanierungen, die wichtige Biotope für beispielsweise Mauereidechsen bieten, ist so ein Biotopverbundsystem entstanden, das vielen Wärme liebenden Tier- und Pflanzenarten ein dauerhaftes Habitat bietet.

Durch das Kulturlandschaftsprojekt Kaub-Gutenfels ist der einzigartige Vierklang Fluss, Stadt, Weinberg und Burg zu neuem Leben erwacht.

Ob als Winzer bei der Arbeit im reaktivierten Weinberg, als Wanderer auf dem Rheinsteig, als Bürger beim Spaziergang auf dem Gutenfelssteig, als Tourist im Rahmen einer Rheinschifffahrt oder als Naturliebhaber beim Erkunden der geschützten Tier- und Pflanzenwelt – die vielfältige Kauber Kulturlandschaft stellt nun für jeden ein individuelles Erlebnis dar.

Abb. 4.3 Burgberg nach den Erschließungs- und Sanierungsmaßnahmen im Jahr 2011. (Quelle: DLR Rheinhessen-Nahe-Hunsrück)

Neue Entwicklungen bei der Nutzung von Luftbildern

5

Der heutige Bürger zeichnet sich durch eine technologieaffine Lebensweise aus. Deshalb erwartet er auch vom Staat die Anwendung technologisch fortschrittlicher Kommunikationsmittel sowie transparentes offenes Verwaltungshandeln. Die Politik hat auf Grundlage dieser Erwartungshaltung erkannt, dass Open Data und Open Gouvernement das Verhältnis zwischen Staat und Bürger in Zukunft entscheidend prägen werden. Die Bürger werden heute medial mit 3-D-Daten überhäuft, sei es im Kino, am Fernseher oder in Computerspielen. 3-D-Visualisierungen bieten heute auch in der Flurbereinigung neue Möglichkeiten hinsichtlich Öffentlichkeitsarbeit, Bürgerbeteiligung und Planungszwecken.

Durch die vorliegenden hochgenauen Orthophotomosaike, die Daten der Digitalen Geländemodelle und die Grafikdaten aus GIS-Systemen sind die Grunddaten für vielfältige 3-D-Visualisierungen vorhanden. Für den Landentwicklungsprozess testet die Landeskulturverwaltung Rheinland-Pfalz zusammen mit den Kollegen aus Baden-Württemberg daher in Kulturlandschaftsprojekten, inwieweit die Verwendung von 3-D-Visualisierungen für den Planungsprozess zielführend ist. Als anschauliches Beispiel sei im Kontext des vorher beschriebenen Projektes Kaub-Gutenfels auf die Abb. 5.1 hingewiesen. Durch die 3-D-Modellierung wird der visuelle Effekt der Luftbilder intensiviert und die Vorstellungskraft für die Geländestruktur beim Betrachter noch verstärkt. Dieser Mehrwert kann beispielsweise dazu genutzt werden, mit dem Vorstand der Teilnehmergemeinschaft die baulichen Maßnahmen sowie die Neustrukturierung unter stärkerer Berücksichtigung der 3. Dimension zu erörtern. Individuell gestaltbare „Durchflüge" veranschaulichen die Geländestruktur. Das Symbol in der rechten oberen Ecke in der Abb. 5.1 dient beispielsweise dazu, den Blickwinkel auf das 3-D-animierte Gelände festzulegen. Durch die Überlagerung der abgebildeten realen Landschaft mit der Planungssymbolik kann so die

© Springer Fachmedien Wiesbaden GmbH 2018
M. Schumann und T. Mitschang, *Luftbildeinsatz in der ländlichen Bodenordnung*, essentials, https://doi.org/10.1007/978-3-658-19860-2_5

Abb. 5.1 3-D-Visualisierung des Kulturlandschaftsprojektes Kaub-Gutenfels. (Quelle: DLR Rheinhessen-Nahe-Hunsrück)

Flurbereinigungsplanung sehr anschaulich und kommunikativ dargelegt werden. Berücksichtigt werden muss hierbei allerdings, dass es sehr aufwändig ist, die reale Welt in einer hohen Detaildichte dreidimensional abzubilden. Im abgebildeten Beispiel ist aus diesem Grund die detaillierte Darstellung aller Hausfassaden der Stadt Kaub unterblieben.

Fazit 6

Die Bodenordnungsverfahren nach dem Flurbereinigungsgesetz haben sich in den letzten Jahrzenten von ihrer ursprünglichen agrarisch fokussierten Zielsetzung zu integrierten Verfahren mit dem Ziel einer umfassenden Landentwicklung entwickelt. Durch die Berücksichtigung vieler ökologischer Zielvorstellungen erfolgt eine positive Weiterentwicklung von Natur und Landschaft. Weiterhin liefert die ländliche Bodenordnung durch die Auflösung von Nutzungskonflikten sowie die integralen Neugestaltungs- und Neustrukturierungsmaßnahmen vielfältige Möglichkeiten die natürlichen Lebensgrundlagen nachhaltig zu schützen und zukunftsgerecht weiterzuentwickeln.

Um diese Ziele umsetzen zu können, ist zunächst eine umfangreiche Bestandsaufnahme und -analyse erforderlich. Hierfür sind Luftbilder ein wichtiges Instrumentarium. Einerseits helfen sie dabei, komplexe Planungsprozesse anschaulich zu visualisieren und damit den unterschiedlichen Beteiligten transparenter darzustellen. Weithin dienen sie auch dazu, um nach der Umsetzung die entsprechenden Veränderungen zu dokumentieren. Andererseits sind sie auch ein schnelles und kostengünstiges Instrument bei den geodätischen Arbeiten und der katastertechnischen Vermessung.

Mit der Fortentwicklung der Technik entstehen neue, moderne Visualisierungsmöglichkeiten, die zum Beispiel die dritte Dimension einbeziehen. Dadurch entstehen ganz neue Möglichkeiten, einerseits die Planungen zu entwickeln und andererseits auch zu visualisieren, denn es können beispielhaft „individuell gestaltete Bildflüge" erzeugt werden.

© Springer Fachmedien Wiesbaden GmbH 2018
M. Schumann und T. Mitschang, *Luftbildeinsatz in der ländlichen Bodenordnung*, essentials, https://doi.org/10.1007/978-3-658-19860-2_6

Was Sie aus diesem *essential* mitnehmen können

- Luftbilder sind in der ländlichen Entwicklung ein wichtiges Hilfsmittel und vielseitig verwendbar
- Durch den Einsatz von Luftbildern können Planungsprozesse in der ländlichen Entwicklung anschaulicher und effizienter durchgeführt werden
- Luftbilder können in der ländlichen Entwicklung für planerische und vermessungstechnische Zwecke verwendet werden

Literatur

ArgeLandentwicklung. (2011). Leitlinien Landentwicklung – Zukunft im ländlichen Raum gemeinsam gestalten. Bund-Länder-Arbeitsgemeinschaft Nachhaltige Landentwicklung. www.landentwicklung.de.

Durben, H. (2014). Photogrammetrie in der Landentwicklung – Grundlage effizienter Landentwicklungsprozesse. *Technikumbau in der Landentwicklung in Deutschland. Schriftenreihe der Deutschen Landeskulturgesellschaft (DLKG), 7,*70–79.

DVW. (2015). Berücksichtigung der ökologischen Landwirtschaft in der Flurbereinigung. *Schriftenreihe des DVW, 80*(2015).

Ministerium für Wirtschaft, Verkehr, Landwirtschaft und Weinbau Rheinland-Pfalz (MWVLW). (2006). *Leitlinien Landentwicklung und Ländliche Bodenordnung.*

Mitschang, T. (2006). Landespflegerische Aspekte – welcher Bezug besteht zur Flurbereinigungsplanung. *Nachrichten aus Landentwicklung und Ländliche Bodenordnung, 45,*65–77.

Schumann, M. (2014). Veränderungen in der ländlichen Entwicklung und der ländlichen Bodenordnung in den letzten 25 Jahren. *Allgemeine Vermessungs-Nachrichten (AVN) 121 Jahrgang, 6,*219–225.

Theisen, M. (2016). Luftbildmessung im Einsatz der Landentwicklung. *Visionen der Landentwicklung, Schriftenreihe der DLKG, 8,*198–199.

Wingerter, K., & Mayr, C. (2013). *Flurbereinigungsgesetz – Standardkommentar* (9. Aufl.). Butjadingen-Stollhamm: Agricola-Verlag.

© Springer Fachmedien Wiesbaden GmbH 2018
M. Schumann und T. Mitschang, *Luftbildeinsatz in der ländlichen Bodenordnung,* essentials, https://doi.org/10.1007/978-3-658-19860-2